多肉手作

这样玩最创意

[美] 托妮·戴格尔 著

吴欣欣 译

U0352180

华中科技大学出版社

http://www.hustp.com

中国·武汉

图书在版编目（CIP）数据

多肉手作，这样玩最创意! / ［美］托妮·戴格尔（Tawni Daigle） 著；吴欣欣 译.
—武汉：华中科技大学出版社，2017.6
（漫时光）
ISBN 978-7-5680-2802-8

Ⅰ.① 多… Ⅱ.① 托… ② 吴… Ⅲ.① 多浆植物 – 观赏园艺 Ⅳ.① S682.33

中国版本图书馆CIP数据核字（2017）第095986号

漫时光

多肉手作，这样玩最创意!
DUOROU SHOUZUO, ZHEYANG WAN ZUI CHUANGYI!

［美］托妮·戴格尔 著
吴欣欣 译

出版发行：华中科技大学出版社（中国·武汉）	电话：(027)81321913	
武汉市东湖新技术开发区华工科技园	邮编：430223	

责任编辑：王 娜	美术编辑：赵 娜
责任校对：王丽丽	责任监印：秦 英

印　　刷：天津市光明印务有限公司
开　　本：710 mm × 1000 mm　1/16
印　　张：11.5
字　　数：166千字
版　　次：2017年6月 第1版 第1次印刷
定　　价：59.80 元

华中出版

投稿邮箱：wangn@hustp.com
本书若有印装质量问题，请向出版社营销中心调换
全国免费服务热线：400-6679-118 竭诚为您服务
版权所有　侵权必究

目　录

致　谢

回望过去，我非常感激每一位在本书编写过程中给予我帮助的人。我有四个吵闹的孩子，其中有一个婴儿，写这本书非常不容易。还好我得到了很多人的支持，没有他们的话，我现在可能还在写第一页。

首先，谢谢克里斯廷·多尔和亚当斯出版社的每一个人。谢谢你们信任我，认为我很适合写这本书。特别感谢我的编辑劳拉·戴利，谢谢你所有的反馈意见和指导。

谢谢我亲爱的朋友克丽丝塔·马雷斯。没有你帮忙的话，这本书确确实实无法完成。书中的每个创意方案都离不开你的创意和活力。你还帮忙照料孩子，帮了大忙。谢谢你鼓励我开始写Needles+Leaves这个博客，谢谢你一直陪在我身边。

谢谢我的丈夫斯派克。已无法用言语表达我有多么感激你。你相信我能完成这本书的写作，你的支持和鼓励也让这件事得以成真。谢谢你让我在工艺品店和五金店疯狂购物，谢谢你没有介意我花了那么多时间在苗圃选取最合适的植物。谢谢你激励我追求自己的爱好，谢谢你努力工作让我可以做自己喜欢的事情。

谢谢我的孩子，布罗迪、贝伦、艾弗里和巴斯琴。过去几个月里，我们一起泡在多肉植物中间，谢谢你们那么耐心。你们四个带给我欢笑，让我始终记得生命中最重要的是什么。我非常爱你们，超乎你们的想象。

谢谢我的父母，克里斯·梅尔斯和马西·梅尔斯。我亏欠你们太多了。谢谢你们为我祈祷，总是让我做我自己。谢谢你们那么多年来的奉献。谢谢你们总是在我身边，无论我做什么事都支持我。妈妈，谢谢你把园艺技能传授给我，谢谢你总能在我需要的时候提供建议。

谢谢我了不起的公公和婆婆，迈克·戴格尔和卡罗琳·戴格尔。谢谢你们为了让我连续地写上几个小时，主动带孩子们出去玩。我总是利用这段时间去咖啡馆写作，这本书大部分内容就是这么写出来的。谢谢你们花时间帮我带孩子，谢谢你们愿意帮助我完成这本书。

非常感谢卡伦·哈娜和牧场景观苗圃的每一个人。谢谢你们为这本书提供了那么多美丽的植物。谢谢你们那么友好，也谢谢你们分享广博的知识。

谢谢欧申赛德市多肉主题咖啡馆的彼得·洛尤拉。谢谢你一直用美丽的插花给我灵感。你新颖的多肉作品对我布置自己的植物产生了巨大的影响。

谢谢每一个曾经看过我的博客或关注我的Instagram的人。你们的"赞"和好评给了我动力，激励我一直努力提高水平。我特别想看到你们的植物"宝宝"，想看到你们成功的故事。

最后，谢谢上天创造了美丽的地球，让我们可以享有它。谢谢上天赐予我照料、培养这些不可思议的植物的热情和激情。

引　言

　　从身边的咖啡馆到百货商店的橱窗，多肉植物最近似乎无处不在。它们绝妙的颜色、几何的形状和强大的适应力吸引着每一个人，包括那些认为自己没有园艺天赋的人。多肉植物已经走出花园，成为婚礼、礼物、手工及家居装饰等令人瞩目的首选植物。如果你正在寻找在生活中不同场合运用这些美丽植物的方法，这本书是你的不二之选。

　　我收到的第一盆多肉植物是我嫂子送给我的母亲节礼物。那是一株盛放在陶盆里的可爱的拟石莲花属多肉植物。她把陶盆涂成了天蓝色，还在陶盆上用黑板漆画了一小颗心。这份礼物可爱极了，我真心很喜欢。很快，夏天到了。我以为我的新植物会喜欢到外面晒晒暖暖的太阳。毕竟，多肉是生长在沙漠里的植物。我决定把它放在盛夏太阳直射的地方。

　　很不幸，我没有事先了解如何照料多肉植物。不久，可怜的植物就被晒得面目全非，一命呜呼了。正当我准备把它扔掉的时候，我发现在枯萎的叶片下面的花茎上，长着一株幼芽。那时候我对多肉植物的繁殖方式一无所知，不过我还是把它取下来种上了。当它开始长根，自顾自茁壮生长时，我惊讶极了！就在那时，我意识到多肉植物是多么了不起的植物。从那时起，我爱上了照料它们，看着它们生长繁衍。

　　我非常沉迷于多肉植物的繁殖，写下了关于它的第一篇博客，根本不知道有没有人关心这个话题。我开始跟我的嫂子克丽丝塔·马雷斯一起写 Needles+Leaves 这个博客（www.needlesandleaves.net）。博客结合了她对手工的热情及我对多肉植物和摄影的热爱，完美地表达了我们的想

法。出乎意料的是，每年都有成百上千的人访问我们的博客，以了解如何繁殖多肉植物，以及如何用他们的植物做手工。能和世界各地的多肉爱好者一起分享我所得到的知识，简直棒极了。

这本书分为两部分。第一部分介绍如何照料多肉植物。我们会讨论常见的多肉植物品种，去哪里购买它们，怎样把它们种到盆里。了解了这三个要素，才能种植出健康的多肉植物。此外，我们还讨论用枝插和叶插的方式繁殖多肉植物。这本书里的大部分创意方案都被视为"有生命的艺术品"，在多肉植物生长的每一个阶段，你应该知道如何照料和维护它们。在做很多创意方案时，如果你需要很多多肉植物，尤其是小小的多肉"宝宝"，其繁殖就会非常有用。

这本书的第二部分分为五章——家居篇、花园篇、饰品篇、节日篇及庆祝篇。我们的创意方案中有一些很简单，比如在茶杯里种多肉植物；有一些则相对复杂（想想电动工具）。不过不用担心，即便是新手也能完成那些比较难的创意方案。

不管你是来到多肉世界的新人，还是已经在自己家里种了很多年多肉植物的老手，这本书都会为你提供信息和灵感，让你的植物更上一层楼。欢迎随意取用我的构思，随意采用不同的植物或添加你的个人风格，把它们变成你自己的创意。准备好弄脏双手了吗？让我们开始吧。

第一部分

多肉植物入门

第一章

多肉植物概述

多肉植物越来越受欢迎了，这也合情合理。多肉植物那么美丽，适应力那么强，堪称创作美观、精致、持久的有生命的艺术品的完美选择。尽管多肉植物杀不死的名声在外，但是若想让你的多肉植物健健康康并呈现最佳状态，还是得遵守一些基本的准则。在这一章里，你会了解到一些常见的多肉品种，以及如何照料它们。

多肉主题咖啡馆，位于加利福尼亚州欧申赛德市

什么是多肉植物？

多肉植物拥有厚厚的叶片、茎干或根部，这三者能储存水分，使多肉植物在遇到长时间的干旱时能够存活下来。多肉植物的叶片和茎干常常被认为是"多汁的"，因为它们能够存储大量的汁液。

尽管多肉植物通常被认为是生活在沙漠里的植物，但是它们实际上在全球各地不同的气候带里都有分布。由于不用费心照料，多肉植物近年来已经成为广受欢迎的室内植物。它们持久而又易于繁殖，是我们在本书中将会呈现的手工和多种插花的理想植物。它们具有不同的颜色、形状和大小，总有一款多肉植物会完美契合你的创意方案。

常见的多肉植物

如今有数以千计的多肉植物。如果你到当地的园艺中心，发现有那么多的选择，你可能会不知所措。不过，下面的分类会帮你锁定哪种多肉植物最适合你的需求。

拟石莲花属

拟石莲花属是美丽的莲座形植物，有多种不同的形状和颜色。它们的叶子从尖的到圆的，从卷曲的到皱褶的，应有尽有，呈现出无穷无尽的几何美。它们适宜生长在美国农业部公布的耐寒区域8—11。一年之中，叶片的颜色会随着气温的降低或升高而变深。（想要知道你处于哪个区域，请访问http://planthardiness.ars.usda.gov/PHZMWeb/.）它们的直径从1英寸（2.54厘米）到20英寸（50.8厘米）不等。有些拟石莲花属会发出幼芽，自行繁殖，这些幼芽还可以扭下来重新种植。拟石莲花属根部较浅，可以在不太深的容器中长得很好。

拟石莲花属

风车草属

与拟石莲花属一样，风车草属也呈莲座形态。它们的叶片会随着所受日晒程度而变色。比如胧月，如果放在阳光充足的地方，就会褪色，变成粉色、橙色，甚至白色；同一株胧月，如果放在阴凉处，就会变成深蓝灰色，叶尖呈乳白色，微微有一点发紫。风车草

风车草属

属需要小心照料，因为它们的叶片很容易折断。随着时间的推移，当下面的叶片萎缩并脱落，新生枝会从莲座的中间生发出来，它们往往会长出长长的茎干。它们会越长越长，逐渐下垂，除非你把它们切断重新种植。风车草属适宜生长在美国农业部公布的耐寒区域7—11。

景天属

景天属有很多种，既有长得很矮的地被植物，也有垂吊超过3英尺（约91厘米）的翡翠景天（也叫串珠草）。在夏天和秋天里，许多品种缀有星星似的花朵。景天属的许多成员通常被称为景天。它们适宜生长在美国农业部公布的耐寒区域3—9。

景天属

长生草属

长生草属

长生草属经常被称为"母鸡和小鸡",因为它们能通过侧枝进行繁殖。侧枝,也就是"小鸡",与主干通过一条脐带相连。这条脐带可以剪断,这样"小鸡"就可以独立种植了。长生草属可能是所有多肉植物里最耐寒的了,因此如果你需要一株耐寒的植物,长生草属肯定能够满足你的要求,毕竟它们能在美国农业部公布的耐寒区域4—10中生存。长生草属呈莲座形态,可分为好几百种。

青锁龙属

青锁龙属通常被称为玉树,是一种常绿植物,其绿色叶片沿粗粗的茎干成对生长。接收大量日照的话,有些叶片可能会呈现微微泛黄的绿色,叶片边缘甚至会发红。玉树在冬天或早春开花,适宜生长在美国农业部公布的耐寒区域9—11。

莲花掌属

莲花掌属呈莲座形态,通常生长在长长的光秃秃的茎干上。它们不耐寒,适宜生长在美国农业部耐寒区域9—11。紫色的莲花掌属能够经受日晒,绿色的则更喜爱阴凉。莲花掌属的花朵从莲座中心绽放。大部分情况下,一旦它结出种子,这株植物就会死去。

青锁龙属

莲花掌属

仙人掌科

仙人掌是一种带刺的植物，通常分布在非常干燥、像沙漠一样的环境里。仙人掌的刺是进化后的叶子，它们可以抵御食草动物，提供有限的阴凉。仙人掌刺生长在刺座上，刺座上还能开花。仙人掌大小不一，既有仅仅 0.4 英寸（约 1 厘米）高的，也有高达 63 英尺（约 19 米）的。

铁兰属（又名空气凤梨）

之所以被称为空气凤梨，是因为它们通常不靠泥土生长，而是依附在其他植物上，从空气中

仙人掌科

铁兰属（又名空气凤梨）

吸取营养和水分。它们通过根部来固定，通过叶子吸收营养。叶片偏薄的种类往往需要更多水分，而叶片偏厚的种类则能更好地忍受干旱。铁兰属会定期开花。它们适宜生长在美国农业部公布的耐寒区域9—11。

购买多肉植物的方法和地点

多肉植物唾手可得。从你们当地大箱子似的花卉中心，到杂货店，再到农贸市场，你都能轻易找到多肉植物。

如果想要质量好的，或者特定品种的多肉植物，你可能得去你们当地的苗圃看一看。有些苗圃直接向大众出售多肉植物，而且能省去中间商，这样你带回家的植物可能更加健康。买一株小一点的多肉植物可能需要2美元到5美元，大一点的多肉植物可能需要20美元。

买多肉植物的时候，一定要确保它们没有害虫，没有生病，这一点很重要。检查一下植物的中间部位和叶片，看看有没有蚜虫和粉蚧（更多信息参见后文）。确保叶片不湿软、不发黑，因为湿软和发黑都是腐烂的前兆。

牧场景观苗圃的仙人掌和多肉植物，位于加利福尼亚州维斯塔

必要时，还可以在网上购买多肉植物，但在购买之前，尽可能亲眼看看它们。

放置在孩子和宠物旁的多肉植物

有少数多肉植物吃了会中毒。你可以把多肉植物挂起来，或者放在孩子和宠物够不到的地方，这样就不会发生中毒的情况了。猫经常咀嚼植物，以获取叶绿素帮助消化。最好把大麦草放在猫能够到的地方供它们咀嚼，而不是多肉植物。高凉菜、大戟和龙舌兰都位于有潜在危害的多肉植物之列。

种植多肉植物的最佳花盆

种在容器里的多肉植物会茁壮生长，尤其是种在排水性能良好的陶盆、混凝土盆和石盆里。大多数多肉植物的根系较浅，浅而宽的花盆是多肉植物的完美小家。大多数情况下，深花盆不仅浪费土，而且里面的土还需要更长的时间才能变干。因为处于湿软土中的多肉植物会受损，所以必须选择带有排水孔的花盆。

本书中采用了多种多样的容器，它们可能需要一些改造，以便创造出一个好的排水系统。比如说，当你用的容器没有排水孔时，如果可能的话你可以钻一个孔，或者用鹅卵石或苔藓创造出一个排水系统。任何鹅卵石都行，只要你能创造出一个空间，让水可以从土中渗出。如果容器没有排水系统，你也可以用长纤维泥炭藓，因为它能吸收大量水分，然后迅速干燥。这种苔藓对多肉植物非常有益，因为有了它，多肉植物在获得所需水分的同时，不用遭受浸泡在多余水分中造成的破坏。

在自然环境中，没人照料的时候，多肉植物似乎长得最好。它们经常出现在最意想不到的地方：在岩石花园里，在墙上，在地砖的角落缝隙里，以及其他很多地方。

照料你的多肉植物

与其他任何植物一样，种植多肉植物的时候有三个主要的因素需要考虑：土、水和阳光。平衡好这三个因素，会让你的植物呈现最佳状态。

土

多肉植物在排水性能良好的土里会茁壮生长。你可以从当地的花卉中心购买专门为多肉植物和仙人掌配制的袋装土。Kellogg Garden Organics Palm, Cactus & Citrus 混合土就是很好的选择。这些从商店里买来的混合土，有时候里面会有不想要的枝条之类的东西，如果必要的话，可以把它们筛出来。（比如说，如果你在做一个小小的玻璃花园，大的枝条可能会占用过多空间。）

如果你找不到专门配制的土，或者你想用手头上的普通盆栽土，你可以自行配制土，让它与你的多肉植物完美契合。为了增加排水量，混合等量的：

• 普通盆栽土

• 珍珠岩（一种膨胀玻璃质火山熔岩，用来改善通风和排水）或

• 粗粒的园艺用沙

珍珠岩和园艺用沙在花卉中心都能找到。多肉植物的根部泡在多余的水中会受损，因此，值得预先花时间准备一些排水性能良好的土。

每年给你的多肉植物换土，以便让它们保持健康，呈现最佳状态。

水

一个常见的误解是多肉植物不需要很多水。的确，相对其他植物而言，它们在没有水的情况下能坚持更长时间，但在干旱的条件下，它们也不会茁壮生长。我的经验是，当土完全干燥时再给你的多肉植物浇水——天气较热的月份通常一周一次，天气变凉后浇水频率再低一点。浇水过多会杀死多肉植物，要确保再次浇水的时候土已经完全干燥。

给多肉植物浇水的时候，把土完全浸透，让水可以从花盆底部流出。可能的话，尽量给土，而不是给植物浇水。水停留在叶片上不仅会留下难看的斑点，还会造成叶片腐烂。

如果你用的花盆没有排水孔，就不要浸透土了，而是更像让它"抿一口"。本书中，我们会在没有排水孔的容器中插花，比如茶杯、玻璃瓶和玻璃花园。由于多肉植物在排水性能良好的容器中能更好地生存，我们会在容器底部铺上鹅卵石，以创造一个新的排水系统。尽管这并不是种植多肉植物的理想情况，但它们肯定能够存活。如果你的容器无法恰当排水，而且里面的多肉植物看起来似乎在挣扎，那么给你的植物换个盆吧。

如果你在室外给室内植物浇水，一定要确保让它们不受阳光直射，因为忽然晒太阳会让它们受伤，导致叶片被晒焦、留下瘢痕。如果是生长缓慢的多肉植物，一次晒伤会让这株植物终生带有晒斑。

阳光

总体而言，多肉植物最喜爱明亮而不直射的阳光。最好让它们早上的时候晒几个小时太阳，白天的时候不让太阳直射。不同种类的多肉植物能经受的日照量不同，但大部分多肉植物如果长时间受到阳光直射，往往会受到伤害。为了避免晒伤和烤焦它们，把它们放在一个有阴凉但仍能得到充足光线的地方。我最健康的植物养在外面的窗台上，在那里，由于窗户上方有一点点突出，一天的大部分时间里，它们都不会受到阳光直射。几个小时的直射阳光是可以的，只要确保你的植物能避开刺眼的正午的太阳。

用你的植物试验一下，看看在你住的地方怎样摆放最合适。多肉植物得到的日照量会影响它的外观。生长在充足阳光中的多肉食物会褪色，变成橙红色，甚至变成白色；而生长在阴凉处的多肉植物，颜色更多的是蓝绿色。如果你的多肉植物得到的光照不够，它们会徒长，向着阳光伸展。如果你的多肉植物向外伸展或朝着阳光弯曲，你可以逐渐把它们移到一个更加明亮的地方，或者不时地转动一下花盆，让它们笔直地生长。如果你的多肉植物长得太长了，则可能到了繁殖多肉植物（参见下一章）的时候了。

如何解决多肉植物的常见问题

好好管理多肉植物的土、水和光照，会帮你避免多肉植物出现的大部分问题。然而，即便你已经尽力了，你可能还是会时不时地遇到一些问题，就像你种植其他植物一样。幸好，多肉植物种植过程中遇到的大部分麻烦都很容易发现和解决。以下是一些可能出现的麻烦及解决它们的方法。

虫害

一开始就要避免病虫害，如果你的多肉植物上出现了枯叶，最好把它们摘掉，因为它们会成为害虫的完美隐藏场所，还会成为霉菌的温床。粉蚧、蚜虫和叶螨是种植多肉植物的时候可能遇见的三种常见害虫。如果害虫数量不多，可以用尖尖的大头针或强劲的水流予以去除。如果虫害面积较大，你就可能需要喷杀虫剂了。

浇水过多

多肉植物生来就要在长时间干旱的地方生存，因而它们的叶片能够存储水分。不过，如果它们得到的水分过多，叶片就会变得松软肿胀，甚至还会开裂。如果给你的多肉植物浇水过多，在土完全干燥之前，不要再给它浇水。

腐烂

腐烂这个问题经常出现，而且与浇水过多息息相关。霉菌和细菌往往会在多肉肥厚的组织里肆意生长，要尤其注意把你的多肉植物种在排水性能良好的土里。如果种在湿软的土中，毫无疑问你的多肉植物将开始腐烂。

晒伤

当刺眼的阳光在多肉植物的叶片上造成黑斑的时候，"晒伤"就发生了。多肉植物很容易晒伤，尤其是在没有慢慢过渡的情况下，直接把多肉植物从阴凉处移到阳光直射的地方。一株生长缓慢的多肉植物如果被晒伤，晒斑永远不会恢复，因此一定要当心，不要把多肉植物直接放在刺眼的阳光下。

第二章

如何繁殖多肉植物

什么是繁殖？总的来说就是用种子、叶子、插枝或现有植物的任何部位创造新的植株。本书中的许多创意方案都会需要插枝，也就是说，你可能需要从母株上剪下分枝，或者连根切取一株较小的植物。切取插枝耗费的时间、精力和金钱都很少，是繁殖多肉植物的超级简单的方法。花朵如果被剪下来，就会逐渐枯萎消逝，多肉插枝则与之不同，如果得到适当的照料，它就会生根并茁壮生长。

什么时候繁殖

即便你把多肉植物放在光线充足的窗边，它们有时还是会"徒长"。如果多肉植物得到的光照不足，它就会开始伸展，导致茎干越长越长，叶片分布越来越稀疏。

如果你的多肉植物开始这样徒长，不要害怕。这是繁殖的最佳时机。

尽管你的多肉植物从上面看起来仍然很漂亮，但是下面的叶片会开始枯萎，并逐渐掉落，最后只剩下一根长长的、光秃秃的茎干，只在最上方长有一个莲座。在叶片开始死去之前，让我们把它们取下来进行繁殖，培育出更多的多肉植株吧。

注意长长的茎干及排列稀疏的叶片

这株多肉植物是繁殖的理想选择，尽管从上面看它依然很漂亮

1. 收集多肉植物的不同部位

先摘掉下面的叶片。从茎干上摘下叶片的时候一定要特别小心。我会夹紧叶片，往两边扭它，直到感觉到轻微的断裂。对大多数多肉植物而言，你甚至只需要用一根手指往任意一个方向推一

轻轻扭动叶片摘下它

如果把叶片完好无损地从茎干上取下来，它们会是这个样子

推叶片,它的叶片就会脱落。一定要确保叶片是完整的。如果你把叶片撕下来,叶基还附着在茎干上,那么这片叶子不会生根,也不会长成一株新的多肉植物。

成功摘掉下面的叶片之后,多肉植物会只剩一个小小的莲座和一根长长的、光秃秃的茎干。这就是你应该剪切的地方。我喜欢将下一个步骤叫作斩首繁殖。我不确定这是不是术语,不过这个叫法很上口,而且我们的确要将多肉植物斩首。

我用的是工艺剪刀,不过一把锋利的刀子也够用了

现在我们得到一些叶片、残余的肉桩及茎干短小的可爱的小植物

2. 让各个部分充分干燥

现在,必须等待。在把这些叶片和莲座种进土里,让它们长成新的多肉植株之前,你必须让它们的末端充分干燥,并布满愈伤组织。这个步骤非常关键。如果你不让末端充分干燥,它们会因吸收过多的水分而腐烂、死去。干燥过程持续几天到一周不等,因多肉种类和茎干厚度的不同而不同。

刚刚切下的茎干湿润而肥厚

当你看到茎干的末端已经完全干燥时,就知道等待的时间已经足够了

3. 把叶片放到土上

一旦叶片末端已经得到足够的时间长满愈伤组织，你就可以把它们放在排水性能良好的仙人掌或多肉用土上面了。（有些人把叶片和茎干末端蘸上一点生根粉，不过没用生根粉我也一样取得了巨大的成功。）把叶片放在室内，放在光线非常充足而且阳光不直射的窗户旁边。在叶片末端生根或长出小多肉之前，没有必要给它浇水。

几周之后，你就会看到叶片末端长出许多小小的粉色的根。然后，很小的多肉宝宝就会开始生长，看起来像是从叶片末端长出了一个微缩多肉模型。

看到叶片生根或长出小多肉的时候，继续让它们待在土上面，这时可以浇水了。浇水时要浇透，差不多每周浇一次，或等土完全干燥时再浇水。就像长大了的多肉植物一样，水太多对它们不好。如果你想确保不会浇水过多，可以用喷水壶每天朝叶片生出的根上喷一点水雾，而不是用水完全浸透土。

4. 给新多肉植物换盆

让小多肉继续生长，直到你注意到"叶片妈妈"开始枯萎。那时，你可以像之前把叶片从茎干上摘下来一样，小心翼翼地把叶片摘掉，然后把小多肉种到它自己的花盆中。把原来的叶片摘掉会有点棘手，因为你可不想在摘掉叶片的同时把根也摘掉。如果你轻轻地扭一扭它，而它没有脱落，你或许就不应该再冒险，而是等待叶片自行脱落。

记住，不是每个叶片都会长出新的植株。我发现有的叶片只会枯萎，有的会生根但永远不

这个叶片生根，还长出小多肉

这个叶片先长出了小多肉，但是没有生根

这批小多肉长成的时候，我没有单独的小花盆安放它们了，我就等叶片枯萎之后把叶片摘掉，让这些小多肉一起生长，就像一片小小的多肉森林一样

会长出新的植株，而有一些甚至长出新的植株却不生根。尽管往往会有一点损耗，但是大部分叶片会成功生根，并长出新的植株。

5. 别忘了原来的肉桩

好了，重新回到原来那盆肉桩。别担心，多肉植物的任何一部分都不会浪费的。

只是把这个花盆放在一旁，它就会长出新的小多肉。每一个我们摘掉叶片的地方，都有可能长出一株小多肉。

新生多肉

6. 种植插枝

现在回到我们的插枝，我们所做的这一切都是为了它。一旦它的茎干完全干燥，完成愈合，就把它放回装有排水性能良好的仙人掌或多肉用土的花盆里。它会重新生根，继续茁壮生长。

第二部分

创意方案

第三章

家 居 篇

用多肉植物装饰你的家，会让你的家更有趣、更个性。多肉植物的设计样式太多了，你几乎可以在任何容器中种植多肉植物。本章中，我们会给出 12 个独一无二的多肉创意方案。只要用你手头可能已有的材料，这些方案就可以应用在你的家里或家的四周。

一定要谨记，多肉植物最适宜生长在光线明亮而又不直射的地方。在你的家里找一个多肉植物一整天都可以获得足够光线的地方。如果你的多肉植物不能获得足够的光线，它们会朝太阳伸展，开始徒长。

茶杯里的多肉

　　在你的旧茶杯里种植多肉植物，可以让一件经典厨房用具焕然一新，既有趣又简单。大多数人的橱柜里至少有好几个茶杯，如果没有的话，你可以到旧货店买，那里比较便宜。各式各样的茶杯简直应有尽有。为厨房的窗户增添几个茶杯多肉，创造一个室内茶杯花园吧。送礼物又不知道该送什么，急需最后一刻的绝佳主意？拿起一个茶杯，在里面种一株小小的多肉植物，大功告成！如果你没有种过多肉植物，也没有精心制作多肉植物的经验，这个创意方案是你开始着手的好选择。

怎么做

1 在茶杯里铺一层鹅卵石。铺 1 英寸（约 2.5 厘米）厚就差不多了。

2 茶杯里填充排水性能良好的仙人掌 / 多肉用土，差不多装到茶杯的 3/4 即可。

- 茶杯
- 鹅卵石
- 土
- 多肉植物
- 青苔（可选）

3 用手指把土往茶杯杯壁方向拨，在土中间挖出一个小洞，这样植物的根才能放进去。

4 小心地侧着拿起植物，轻轻握住根部，让它从现在的容器中滑出来。把根部多余的土统统去掉。尽量不要过多碰触叶片，因为它们很容易受到伤害。

5 把植物的根部放入你挖出的小洞中，把多肉植物种上，然后小心地把茶杯装满土。轻轻按压茎干周围的土，让植物更加稳固。

6 如果需要的话，多种几种多肉植物，在茶杯中创造一件小小的插花作品。

养护说明
· ·

若茶杯没有适当的排水孔，一定要注意不要给你的多肉植物浇水过多。每次浇水之前，把一根手指插进土里，确认土是否已经完全干燥。

小窍门
在土上加一点鹅卵石或青苔，可以为你的多肉插花画龙点睛。

彩绘玻璃瓶里的多肉

比起以往，玻璃瓶现在越来越多地被用于手工创意和装饰了，因为它们很容易改造加工。如果你手头没有玻璃瓶，也没关系。如今去食品杂货店和家居百货店，很容易买到它们。不管你是重复利用旧玻璃瓶，还是用一个全新的，玻璃瓶都能为你的家增添一种复古的、升级改造的感觉。

怎么做

....

1 把玻璃瓶倒过来，如果可以的话，把一只手伸进玻璃瓶。用你的另外一只手竖向一笔一笔地把玻璃瓶涂成你想要的颜色。你可能需要涂好几层，这取决于你的颜料有多厚。每涂一层，都要等颜料完全干了。

2 如果想让玻璃瓶有一种做旧感，想想玻璃瓶以后哪个地方最容易掉颜色，用砂纸或指甲锉把那里的颜料刮掉一些。

3 玻璃瓶准备就绪后，先铺1~2英寸(2.5~5厘米)厚的鹅卵石，然后再往里填土。确保为安放多肉的根留出足够的空间。

4 种植多肉植物。在土里挖一个小洞，为植物留出空间。把植物放进玻璃瓶，将根部盖上土。

需要什么

....

• 玻璃瓶
• 颜料
• 泡沫笔刷
• 砂纸或指甲锉
• 鹅卵石
• 土
• 多肉植物

养护说明

....

由于玻璃瓶没有适当的排水孔，注意不要给里面的多肉植物浇水过多。每次浇水之前，把一根手指插进土里，确认土是否已经完全干燥。

软木塞多肉

　　用软木塞当装饰可以为你的家或活动增添几分巧思，而且还不贵（甚至可能是免费的）。你可以将用过的软木塞升级再造，或者去工艺品商店买几个没有用过的软木塞。软木塞花盆可以把你自己繁殖的小多肉展示得可爱又时髦。在你的下一场品酒聚会或读书会中，它们会广受欢迎。

需要什么

- 软木塞
- 电钻
- 1/4 英寸（约 0.6 厘米）钻头
- 土
- 铅笔或类似的尖头工具
- 小多肉植物

养护说明

把你的软木塞花盆放在光线明亮而不直射的地方，隔几天就浇一次水。软木塞里只能装一点土，因此土会干得很快。

怎么做

1 在软木塞上钻孔，越深越好，但不要钻透。

2 在孔里装满多肉用土。

3 选一株小多肉种在软木塞里。

4 用一支铅笔或其他长长的、尖尖的工具在土中钻一个洞，以便为植物的茎和根留出空间。

5 种上你的多肉植物。

小窍门

在你的软木塞花盆上方粘上青苔，这样更有创意，也更有趣；或者在瓶塞后面贴上磁条，把它们做成可爱的悬挂式花盆。你甚至可以把许多个软木塞花盆用麻绳绑在一起，做成餐桌中央的小小装饰品。

多肉微景观玻璃花园

　　微景观玻璃花园形状不同，大小各异，成为家中或办公室里令人惊艳的设计元素。任何开口的玻璃容器都可以做成微景观。不管你选择的是碗、几何形的容器，还是玻璃球，多肉植物都会让它大为改观。你可以从 World Market、Urban Outfitters 或网店中买到有趣的玻璃容器。在本创意方案中，我增加了另外一种多肉植物——仙人掌。

怎么做

· ·

1 先把玻璃容器的底部铺上石子或鹅卵石，再铺上一层薄薄的活性炭。多肉植物喜欢排水性能良好的容器，鹅卵石可以创造出让水从土中排出的空间。这样一来，多肉植物的根就不会泡在过多的水中，也就不会腐烂。活性炭相当于土和水的过滤器。它可以让玻璃容器中的空气保持新鲜，如果你的玻璃容器开口较小，这一点尤其有用。它还可以吸走土和水中的细菌。

2 在鹅卵石和土中间铺一层泥炭藓，防止久而久之土漏到下面的石子中去。泥炭藓还有助于创造一个替代性排水系统，为土提供排水的空间。

需要什么

· ·

· 玻璃容器

· 石子或鹅卵石

· 活性炭

· 泥炭藓

· 土

· 多肉植物

· 沙子（可选）

· 装饰性配件

· 勺子、镊子、吸管（可选）

3 取几勺活性炭，与排水性能良好的土混合在一起，把混合好的土放进玻璃容器中。

4 决定你想用哪种植物制作玻璃容器微景观。如果你用的是插枝，要确保在制作微景观前几天就把它们剪好。为了防止腐烂，你需要给它们的末端一段时间充分干燥，充分愈合，再把它们种进土中。

养护说明
. . . .

把微景观玻璃花园放到阳光充足且不直射的地方。玻璃会放大光线和热量，因此要小心，不要把它放到会受大量阳光直射的地方。每次浇水之前，把手指伸进土里，确保土已经完全干燥。

5 往你的玻璃容器中增添植物和装饰。为了更加美观，可能要在土上面撒一些沙子。在种上多肉植物之前撒沙子可能更容易，根据玻璃容器的开口大小调整即可。如果先种上了多肉植物，可以用勺子把沙子浇在植物周围。

6 然后，放上你想添加的任何装饰性青苔、鹅卵石和小树枝。如果玻璃容器的开口非常小，可以用镊子把青苔放到手指够不到的地方。用吸管把多肉植物和玻璃上的沙子和土轻轻吹掉。

小窍门

微景观玻璃花园一般是用一个密封的玻璃容器，为植物创造一个小型生态系统。然而，创造多肉微景观玻璃花园时，需要找一个开口的容器。多肉植物应该种在开口容器中，因为它们喜欢低湿度、干土的生长环境，而不是封闭玻璃容器所提供的潮湿的环境。

装饰陶盆中的多肉

　　陶盆处处都有，是种植多肉植物的低价之选。它们大小各异，既有种植小型多肉植物的小不点儿，也有能装下由多种多肉植物构成的美丽插花的大个头。它们会随着时间流逝而变旧，这一点我很喜欢，这样每个花盆都会呈现出淳朴、独特的样子。装饰陶盆的方式多种多样，但我最喜欢的三种是用油漆、麻绳和蕾丝装饰。

怎么做

1 **把陶盆涂上油漆**：给花盆涂油漆有以下几种不同的方式。

- 如果想把整个花盆都涂上油漆，我觉得最简单的方式是用喷漆。但是这样可能也会去除花盆上的图案。
- 可以用漆刷把它们涂上油漆。
- 也可以试试把花盆浸到油漆里。只要打开一加仑油漆，把花盆浸到里面即可。不过需要用漆刷去除多余的油漆，并让油漆滴落到油漆容器里。等所有多余的油漆滴落完毕，把花盆放到一边晾干。用滴落法的话，油漆会很厚。因此，可能的话，把花盆悬挂起来以便晾干。

2 **添加蕾丝**：油漆完全干透时，在花盆边缘添加蕾丝。按照花盆上缘的宽度和周长，剪一条蕾丝，用热胶把蕾丝固定在花盆上缘。

3 **添加麻绳**：一边把麻绳缠绕在花盆上，一边用热胶把它粘在上面。可以缠绕整个花盆，也可以只缠绕一部分。

4 按照喜好把花盆装饰完毕后，就可以往花盆里装排水性能良好的土，然后把多肉植物种在里面了。可以在每个花盆里各种一株植物，也可以用许多株植物进行插花。

养护说明

把装饰花盆放在全天阳光充足且不直射的地方。土干透之后再浇水。

需要什么

- 陶盆
- 室外油漆
- 漆刷
- 剪刀
- 蕾丝
- 麻绳
- 热胶
- 土
- 多肉植物

多肉门牌

第一印象是持久的，还有什么比用一个美丽的多肉门牌把客人迎进家中更好的吗？客人看到房间号就会知道来对地方了，而且映入眼帘的便是新鲜的、引人注目的多肉插花。当他们发现你是"自己做的"的时候，会觉得难以置信。

需要什么

- 14 英寸 ×11 英寸（约 36 厘米 ×28 厘米）的松木牌
- 两块 0.25 英寸 ×3 英寸 ×9.5 英寸
  （约 0.6 厘米 ×8 厘米 ×24 厘米）的工艺松木
- 两块 0.25 英寸 ×3.25 英寸 ×3 英寸
  （约 0.6 厘米 ×8 厘米 ×8 厘米）的工艺松木
- 钉枪和 1/2 英寸（约 1.2 厘米）的重型 U 形钉
- 电钻（可选）
- 卷尺
- 铅笔
- 锤子

- 终饰钉
- 木胶
- 布或毛巾
- 室外喷漆或染色剂
- 吊钩
- 门牌号
- 保鲜膜
- 土
- 多肉植物

怎么做

1　可以把种植盒做成想要的任何尺寸，取决于你想让多肉盒占门牌的多大面积。下面的操作方法中，我会说明如何制作照片中的多肉门牌。

2　把 3.25 英寸 ×3 英寸的木片钉到 3 英寸 ×9.5 英寸的长方形木片的末端，制作出多肉盒的侧边。由于用的是工艺木，钉枪的 U 形钉能够直接穿透。门牌本身会成为盒子的背面。

3　如果想让多肉盒拥有排水孔的话，现在就钻孔。如果出于某种原因，你不想让水从门牌下面排出来，那就不要钻孔。

4　把 14 英寸 ×11 英寸的木牌翻过来，让它背面朝上。现在我们要把多肉盒的轮廓画在木牌后面，这样我们可以用锤子把钉子钉上去，准备放上盒子。

5 把多肉盒放上去，量一量，确保盒子与木牌的边缘平齐。把盒子固定就位，用铅笔画出盒子的外侧轮廓，然后画出盒子的内侧轮廓，之后把盒子拿开。再量一量，确保画出来的线与木牌边缘平齐。

6 用锤子把终饰钉钉到木牌上画出的内线和外线之间。侧边两个钉子，底部三个，就足够了。

7 把木牌翻过来，让它正面朝上。现在你应该会看到终饰钉的尖头穿透木牌，呈现出多肉盒的形状。

8 将盒子背面的边缘涂上木胶，把盒子的边缘压到钉子上面。

9 用一块布或毛巾把盒子的正面盖住，用锤子轻轻捶打盒子，直到钉子完全没入盒子，盒子与木牌平齐为止。

10 喜欢的话，现在就可以把门牌和多肉盒喷上户外油漆了。也可以给门牌染色，或用漆刷给它刷上油漆，不过我觉得喷漆最简单。

11 等油漆干了，把吊架连接到门牌的背面。估计一下门牌加上土和多肉植物有多重，确保买一个可以承受相应重量的吊架（这一步看吊架的说明书即可）。

12 现在把门牌号连接到木牌上。门牌号有许多不同的字体、字号、颜色和材质可供选择。我喜欢这些富于现代感的"飘浮"的号码，不过你可以选择喜欢的任何风格的门牌号。

13 用保鲜膜包住多肉盒，保护木头。如果它经常下滑的话，可以把它粘到相应的位置上。如果之前钻了排水孔，那就在排水孔的位置用铅笔或其他尖头工具把保鲜膜戳个洞。

14 把多肉盒装满排水性能良好的多肉用土，把多肉植物种进去。注意不要种太高的多肉植物，防止它们挡住你的门牌号。

养护说明
. . . .

把门牌放到阳光充足且不受直射的地方，土干透之后再浇水。如果你的多肉植物竖着生长，一定要注意修剪，防止它们挡住你的门牌号。

字母多肉花园

　　私人定做一个字母形状的多肉花园，彰显个性吧。横着放，它会成为一个可爱的中心装饰；竖着挂起来，它会成为迷人的墙壁艺术品。你可以选择姓名的首字母，这比较流行；或者也可以制作许多个多肉字母花园，拼出一个词，比如"LOVE"。本创意方案中，我们会用到旧木板。只需要付几美金，大部分五金店就会把他们的旧木板卖给你。也可以用旧木篱笆。

怎么做

1 选一个字母，准备将多肉花盆做成该字母形状。任何一个字母都行，不过要记住，用木头制作的时候，有曲线的字母比直边的字母需要更多技巧。我这里采用的字母差不多 1 英尺（约 30 厘米）宽，稍稍超过 1 英尺（约 30 厘米）长，仅供参考。

2 如果旧木板没有拆开，现在需要把它们拆开。把连接木板的钉子拆除，把木板分离出来，这非常不容易，你可能需要像我一样，直接把木头从木板上锯下来。我的木板已经在外面风吹雨淋了很长时间，变得很脆了。如果想让木板保持完整，只把创造字母需要的木块从木板上锯下来会更容易，而不是用锤子或撬棍把木板撬开毁掉。

3 测量、切割从木板上取下的木块，把它们钉在一起，创造出想要的字母。这些木块会成为花盆的侧面。把木块钉起来的时候，我钉的是字母的背面和侧面，这样从前面看不会看到 U 形钉。

需要什么

- 木板
- 薄胶合板
- 卷尺
- 锯
- 钉枪和 U 形钉
- 电钻
- 1/4 英寸（约 0.6 厘米）钻头
- 砂纸
- 金属丝网（可选）
- 泥炭藓
- 土
- 多肉植物

4 把字母的轮廓画到薄胶合板上。这块胶合板会做成字母的背面。

5 沿轮廓线锯下字母，在胶合板上钻几个孔用来排水。

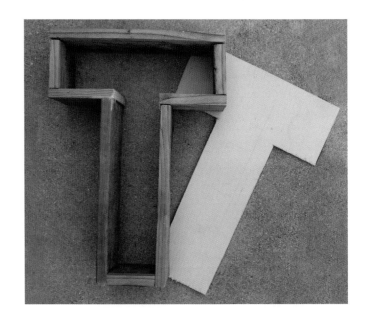

6 用砂纸把字母背面非常不平整的地方磨平。

7 把木板字母翻过来，让它正面朝下，往背面的胶合板上钉上 U
形钉。

8 如果想要竖着悬挂字母的话，现在就该增加悬挂用的五金了。
根据五金操作指南操作即可。记得估计一下字母加上里面的土
会有多重，购买一个能承受其重量的吊钩。

9 在底部铺一层泥炭藓，作为土和木材之间的屏障。

10 根据字母的大小，不管你是想让它横着放还是竖着放，不管你
是用整株多肉植物还是只用其插枝，可能都需要在字母正面钉
上铁丝网。在放进土之前钉上铁丝网，因为土和插枝能够穿过
铁丝网。

11 把字母装满土。

12 把多肉植物种进去。可以选择一个颜色方案，也可以选择几种多肉植物，不过要选择大小不同的多肉植物，这样才能错落有致，看起来更加有趣。

13 如果准备把字母花园竖着放，在把它立起来或悬挂起来之前，需要让多肉植物先生根，长上几个星期。之后，轻轻拉一拉多肉植物，试试它们会不会很容易就从土里拽出来。如果它们在土中还没扎好根，可能需要再等上几个星期。

养护说明

把字母花园放到阳光充足且不直射的地方。如果字母花园竖着放，浇水的时候需要把它横着放平。土干透之后再浇水，先让水排干净，再重新把它悬挂或立起来放。

多肉苔玉

　　苔玉最初起源于日本，在那里，这些用线悬挂的苔藓球花园非常流行。苔玉是在家中或花园里种植植物的一种独特而轻松的方式。与其他竖立放置的花园一样，苔玉看起来很有趣，同时又可以节省空间。它们可以为户外聚会增添自然气息，肯定能让你的宾客赞不绝口。

怎么做

1 用剪刀将青苔层剪成圆形。青苔层在大部分花卉中心都能买到。

2 打湿土，使它像黏土一样有黏性。用双手把土捏成球形。捏的过程中，挤出多余的水分。

3 把土球放在青苔层上。用双手轻轻捧住土球，同时用两个大拇指在球的上方捏一个洞，准备之后种植多肉植物。

需要什么

· 青苔层

· 剪刀

· 土

· 一碗水

· 多肉植物

· 细绳或麻绳

4   把多肉植物种在土球顶部。

5   用青苔层包裹土球。

6   把青苔层末端塞到植物最下面的叶片下方。

7 如果剪的圆形太大，青苔又太多，可以把多余的青苔剪掉，让青苔与上方的叶片整齐地贴合即可。

8 拿起细绳，从任意方向开始缠绕青苔球。缠绕的目的是让青苔和土球不分离，不过你可以按照自己的审美随意缠绕，让它更美观。缠绕青苔球的时候尽情挥洒创意吧。你可以用任何颜色的绳子、麻绳、纱线甚至皮革。不过要确保先留出 12 英寸（约 30 厘米）的细绳再开始缠绕，而且缠绕到最后也要留出足够长的细绳，这样整个球缠绕完毕时，才能把细绳的两端系在一起悬挂起来。

9 　用剪刀剪断细绳，把两端系在一起。现在，找个地方把苔玉悬挂起来吧。

养护说明
· ·

把苔玉挂在阳光充足且不直射的地方。土干了之后，把苔玉球在水中浸泡一下。

多肉滤碗

　　不管你是在做饭，在辅导孩子做作业，还是在跟朋友一起喝咖啡，厨房都经常会成为家庭的活动中心。把多肉植物种在一个色彩亮丽的滤碗里，它会非常和谐地融入厨房环境。

需要什么

· 滤碗
· 保鲜膜
· 热胶
· 铅笔或类似的尖头工具
· 鹅卵石（可选）
· 土
· 多肉植物
· 装饰沙子

怎么做

1 先在滤碗里铺一层保鲜膜，用热胶把它固定住，不要让土从滤碗的孔里漏出去。

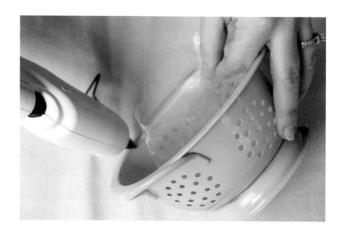

2 用削尖的铅笔在保鲜膜上戳几个洞，戳的时候选择滤碗上有孔的位置。这样水就可以顺利排出了。如果你出于某种原因不想要排水孔，比如不想让水从底部滴到厨房台面上，在滤碗底部铺一层鹅卵石，跳过这一步即可。

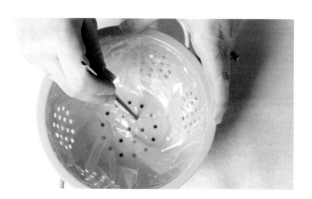

3 把滤碗的 3/4 装满土。

4 开始种植多肉植物。种的时候，在每个植物周围都增加更多土，
直到滤碗装满植物和土为止。

5 如果喜欢的话，撒一层装饰沙子，盖住土。

养护说明
· ·

把多肉滤碗放在阳光充足且不直射的地方。土干透之后再浇水。

小小陶盆磁铁

你是不是正在寻找一种可爱的方式来展示你的多肉植物？恭喜你，你找到了。小小陶盆就是展现多肉宝宝的最可爱的方式。小花盆本身就非常迷人，再配上心爱的小多肉植物，简直可爱无极限。在小花盆后面粘上磁铁，把它们吸在冰箱上或房间中其他的金属表面。你还可以把它们送给老师、邻居或朋友，它们会非常讨人喜欢的。

怎么做

1. 用喷胶枪把一块磁铁喷上胶水。

2. 把磁铁粘到其中一个小陶盆上去。

3. 在小陶盆里放进土和一株小多肉植物。对余下的花盆和植物重复步骤 1~3。

需要什么

· 1/2 英寸（约 1 厘米）的磁铁

· 喷胶枪和胶水

· 小陶盆，不高于 1 英寸
  （约 2.5 厘米）

· 土

· 小多肉植物

养护说明

由于小陶盆盛不下很多土，需要经常给它们浇水。隔几天浇一次水，或者看到土干透时再浇水。可能的话，把小陶盆放在阳光充足且不直射的地方。如果陶盆磁铁吸在冰箱上，里面的多肉植物开始朝太阳伸展的话，把徒长的植物移除，换上一株新的植物即可。用这些小陶盆本来就是出于新奇，而不是把它们当成多肉植物永久的家。

小窍门

和你的孩子一起做手工，让他们给小花盆上色吧。他们会非常喜欢给小花盆加一点个性，也会非常开心看到他们的小小艺术品挂到冰箱上的。

桦木原木花盆

    在桦木原木里种植多肉植物，是为你的家庭增添自然、质朴气息的绝佳方式。桦木在大多数居家百货或花卉中心都很容易找到。这种花盆还可以成为婚礼或活动独一无二的中心装饰。

需要什么

- 6~8英寸（约15~20厘米）高的桦木原木
- 刮刀钻头的电钻
- 保鲜膜
- 鹅卵石
- 土
- 多肉植物
- 热胶或园艺胶水
- 青苔

养护说明

把原木花盆放在家里阳光充足且不直射的角落，或放在一整天阳光仅直射几小时的地方。土干透之后再浇水。

怎么做

1 用刮刀钻头的电钻在原木上钻一个洞。这个洞需要大到能放下多肉植物的根及一些土。

2 在原木上钻出的洞周围铺上保鲜膜，保护木头不被水泡坏。如果保鲜膜容易到处滑动的话，可能需要把保鲜膜粘贴固定。

3 铺一层鹅卵石（方便排水），放进土，种上多肉植物。

4 用胶水在原木上粘一些青苔，作为点睛之笔。

小窍门

很多种原木都可以这么做成多肉花盆，放在家里或家的四周。
如果想要放在花园里，选择大一些的原木，钻孔做成花盆。

多肉植物花环

　　用动人的多肉植物花环为家里增光添彩吧。它还"多才多艺"呢——你可以把它竖着挂在正门上，也可以把它横着放平，摆一支高高的蜡烛在它中间，作为中心装饰。这种花环容易修整，会在接下来的几年里一直赏心悦目。它会是很好的乔迁礼物。

怎么做

. . . .

1 把泥炭藓浸泡在一大碗水里。

2 把泥炭藓放到花环架里，边放边挤出多余的水分。

3 往花环架里放泥炭藓的时候，就像做面包一样，把泥炭藓捏在一起。

需要什么

. . . .

· 泥炭藓

· 一大碗水

· 花环架

· 麻绳

· 剪刀

· 铅笔或类似尖头工具

· 多肉插枝

· 大头针

· 花环吊钩

4 整个花环架装满泥炭藓后，把麻绳的一端系在花环架的背面，用麻绳把泥炭藓缠绕起来。这样泥炭藓可以跟花环架一直连在一起。沿着整个花环架缠绕一圈或两圈之后，将麻绳打结，剪掉多余的麻绳。

5 用铅笔或其他尖头工具在泥炭藓上挖一些洞，准备把多肉插枝种进去。需要的话，用大头针把插枝固定住。

6 　沿着花环种植多肉植物，按照你的喜好布置植物。我个人选择把某些种类的多肉植物种在一起。选择一两株大一些的植物作为视觉中心。

养护说明

把花环放到阳光充足的地方，防止多肉植物朝太阳伸展徒长，不过要注意直射阳光不能过多，不然多肉插枝会被晒伤。泥炭藓干燥之后，把花环浸入水中，给多肉植物浇水。浇水频率为大概一周一次，根据所在地的天气不同而有所变化。

7 　给多肉植物几周时间干燥生根，然后用花环吊钩把花环竖着挂起来。

第四章

花 园 篇

　　多肉植物是美化花园时尚又省水的方式。它们几乎适合任何园林景观，还可以用来为常见的花园装饰增色。把多肉植物种在容器中，而不是种在地上的一大好处是，你可以随着季节变更，轻易地把它们在花园中搬来搬去，为它们提供最佳的生活环境。如果多肉插花受到的光照太多或不足，只需要把它们移到更适合的位置即可。在本章中，我们会提供9个独特的创意方案，可以根据你家花园的风格定做——不管你拥有10英亩（约4公顷）土地，还是城市里的一个窗台。

多肉鸟笼

    鸟笼是经典的花园装饰品。你可能见过装满蜡烛的鸟笼，或者花朵满溢的鸟笼，不过没有什么鸟笼能比装满美丽的、倾泻而下的多肉植物更令人叹为观止的。在当地的古玩店或旧货市场上寻找物美价廉的复古鸟笼吧。

需要什么

• 鸟笼
• 青苔
• 鹅卵石
• 土
• 多肉植物

怎么做

1 在鸟笼底部铺一圈青苔作为屏障，避免土从鸟笼中漏出来。

2 铺一层鹅卵石和排水性能良好的土。

3 把多肉植物种在鸟笼里。在鸟笼周围种下垂生长的多肉植物，更加引人注目。

养护说明

把多肉鸟笼放在花园里阳光充足且不直射的地方，或者一整天只有几小时阳光直射的地方。土干透之后再浇水。

小窍门

种上多肉植物之前，可以把鸟笼喷涂成你最喜欢的颜色，实现私人订制。

垂直相框多肉花园

　　多肉墙体花园越来越受欢迎，这不足为奇——它们容易定做，不占用宝贵的地面空间，还可以按照你的喜好进行装饰。不管你是空间有限的城市里的园艺爱好者，还是仅仅想要创造一件有生命的艺术品，多肉墙体花园都可以为你的花园增添一种精致腔调。

需要什么

- 8 英寸 ×10 英寸（约 20 厘米 ×25 厘米）的相框
- 铁丝网
- 钢丝钳
- 两块 1/4 英寸 ×1.5 英寸 ×8 英寸
  （约 0.6 厘米 ×3.8 厘米 ×20 厘米）的工艺木
- 两块 1/4 英寸 ×1.5 英寸 ×10 英寸
  （约 0.6 厘米 ×3.8 厘米 ×25.5 厘米）的工艺木
- 钉枪和 U 形钉

- 青苔
- 电锯
- 薄胶合板
- 相框挂钩（可选）
- 土
- 铅笔或类似尖头工具
- 多肉插枝

怎么做

. . . .

1 由于相框本身比较浅，需要用插枝而不是整株多肉植物。如何
繁殖多肉请参见第二章。应该在制作多肉墙体花园前几天完成
这个步骤，确保多肉植物的茎干有足够的时间愈合。一旦多肉
植物充分愈合，你就可以着手实施这个创意方案了。

2 把相框正面朝下放在工作台上。按照相框背面开口的大小修剪
铁丝网，然后把它装进去。当你把土盒的侧边钉在相框背面的
时候，铁丝网会被夹在中间从而固定住。

3 现在我们要为相框内部增加支撑，以便托住土。拿起 1/4 英寸
的工艺木，把它们钉到相框的内边上，把铁丝网夹在相框背面
和木板之间。

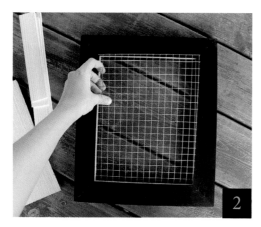

4 这是相框背面完成后的样子。

5 把胶合板锯成土盒背面开口的大小，钉在木头侧边上，作为土盒的底部。

6 现在，如果你准备在插枝生根之后把相框挂起来的话，需要往相框背部增加一根金属线、相框挂钩或其他悬挂装置。

7 把相框翻过来，让它正面朝上，往铁丝网上添土。用手把土从铁丝网推到下面的盒子里。晃一晃相框，让土沉降，腾出更多的空间放土。

8 用铅笔(或类似尖头工具)在土上挖一个洞，准备放进多肉植物的茎干。

9 开始种植多肉插枝。

10 你正在创造一件有生命的艺术品，设计的时候尽情挥洒创意吧。把相似的多肉植物放在一起，加上一两株大一点的植物吸引观赏者的注意力，或者用相似的植物创造波浪似的效果，都会让你的相框多肉花园更加有趣。

11 用青苔装满剩余空间，把铁丝网完全盖住。

12 把你的相框水平放置，静待大约 6 周时间，或者等到多肉植物生根为止。为了确认它们是否已经生根，你可以看看有没有新的多肉生长出来，或者轻轻拉动多肉植物。如果植物能轻易地从土中拔出来，那么它们需要更多时间生根。

13 植物生根之后，选定一个位置，挂上你的杰作吧。

养护说明

相框适宜放在阳光充足的地方，不过阳光需要经过玻璃过滤，或者放在阳光不会全天直射的地方。如果把相框挂在室内，则挂在朝南的窗子附近。浇水的时候把相框放平。大约两周浇一次水（天冷的时候一个月浇一次），或者等土干透之后再浇水。把相框重新挂到墙上之前，让土充分排水。定期摘去干叶片，让相框多肉花园呈现最佳状态。

小窍门

如果你准备把垂直花园挂在墙上，最好在相框两侧都装上挂钩，这样可以过上几周把它转动一下。久而久之，多肉植物会朝着太阳生长。为了防止植物朝一个特定的方向伸展，需要经常转动一下相框。

多肉鸟巢

　　把一个装满多肉的鸟巢放到花园里的树枝中，是展现多肉植物的迷人的方式。你的鸟巢会成为室外空间中有机的、自然的装饰物。你可以在当地的工艺品商店里买到很多种鸟巢。多肉鸟巢会是春天里的一大特色装饰。

需要什么

· · · · · · · · · · · · · · · · · ·

- 鸟巢，直径大约 10 英寸（约 25 厘米）
- 青苔
- 土
- 多肉植物
- 塑料小鸟或鸟蛋

怎么做

· ·

1 在鸟巢里铺一层青苔，防止土随着时间流逝从细枝之间漏出来。

2 往鸟巢里装满排水性能良好的土。

3 把多肉植物种在鸟巢里。

4 增添一些装饰性配件，比如一只塑料小鸟，或者几枚塑料鸟蛋。

养护说明
....

把多肉鸟巢放到花园中阳光充足且不直射的地方，或者一整天只有几小时阳
光直射的地方。土干透之后再浇水。

垂直托盘架花园

　　任何一种垂直花园都会节省大量空间，它们既可以为室外空间增添趣味，又不会占用过多宝贵的地面空间。这个托盘架花园很容易建造，你甚至可以在工艺品商店里直接找到这样的小托盘架。随意给它上色，进行私人订制吧。不管你是重新利用旧托盘还是买新托盘，它都会成为你最喜爱的花园装饰品之一。

怎么做

1　如果托盘不是你想要的尺寸，先把它加工成你想要的大小。

2　首先，要用景观织物创造出"架"。把织物剪成条状，让每一条都比每一层托盘更长更宽，以便把它们钉在托盘板条里面。

3　把景观织物钉在托盘里面。如果想让托盘架花园的每个角度都很美观的话，一定要确保织物没有钉到托盘外面。我的托盘购于工艺品商店，背面开口，往上面钉景观织物不费吹灰之力。如果你的托盘背面不开口，可能需要先移除几个板条，以便为钉枪提供好的角度。

需要什么

· 托盘
· 景观织物
· 剪刀
· 钉枪和 U 形钉
· 胶合板（需要的话）
· 土
· 多肉植物

4 如果你的托盘背面开口，需要用木板把它封起来。如果你为了钉上织物移除了板条，把这些板条重新钉回去即可。你还可以根据现有板条的大小，用类似的木头做新板条（我用的是薄胶合板），然后把它们钉上去。

5 把每一层都装满排水性能良好的多肉用土。

6 选择多肉植物进行插花。由于托盘花园用的是木架形式，可以把多肉植物竖着种到木架上。从种上的第一天开始，它们就整装待发了（不用等它们生根之后再悬挂）。选择能从托盘中向外生长、倾泻而下的多肉植物。

养护说明
．．．．．．．．．．．．．．．．．．．．．．．．．．

把托盘放到花园中阳光充足且不直射的地方，或者一整天只有几小时阳光直射的地方。土干透之后再浇水。

小窍门

充分利用托盘架花园中的开放式木架。如果你想让托盘的前后都可观赏，可以
在背面也种上多肉植物。

多肉鸟盆

    鸟盆是花园里必不可少的一件装饰品，可以帮你创造出一个迷人的空间。在鸟盆里种植多肉植物，鸟盆这个经典花园设计元素会把它变得新颖有趣。

需要什么

- 鸟盆
- 鹅卵石
- 土
- 多肉植物

怎么做

1 在鸟盆底部铺上鹅卵石，帮助排水。

2 把鸟盆装满土。

3 种植多肉。选择两三株大一点的多肉植物作为吸引眼球的中心装饰，在它们周围填充上小一些的植物。在鸟盆周围种一些下垂生长的多肉植物。

养护说明

把鸟盆放到花园中阳光充足且不直射的地方，或者一整天只有几小时阳光直射的地方。土干透之后再浇水。

煤渣砖多肉花园

多肉花园非常适合两种园艺爱好者，一种是空间有限的城市园艺爱好者；另一种是拥有现代风格且具有设计意识的园艺爱好者。多肉植物会让景观中光秃秃的一角变得柔和。煤渣砖是种植多肉植物的完美容器，增加铁丝网底部会非常利于排水。

怎么做

1 选择煤渣砖花园的造型，发挥创意吧。

2 按照煤渣砖的尺寸用钢丝钳剪好铁丝网。

3 把铁丝网放在每层最高的煤渣砖下面。这样会节省很多土。

需要什么

- 煤渣砖
- 钢丝钳
- 铁丝网
- 土
- 多肉植物

4 把准备种植多肉的煤渣砖装满土，然后把多肉植物种在里面。选择大小、颜色、纹理各不相同的植物，创造视觉趣味。在最高的煤渣砖上种一些下垂生长的多肉植物。

养护说明

••

把煤渣砖花园放到阳光充足且不直射的地方，或者一整天只有几小时阳光直射的地方。土干透之后再浇水。

多肉鸟舍

　　鸟舍既有趣又实用，可以为花园增添魅力，还可以当作长羽毛的朋友的住所。森林青苔和美丽的多肉植物会让这座房子非常珍贵，会让你花园里的鸟儿们争相抢夺。

需要什么

••

- 木鸟舍
- 六块 1/4 英寸（约 0.6 厘米）厚的工艺木
- 卷尺
- 电锯
- 钉枪和 U 形钉
- 铁丝网
- 钢丝钳

- 多肉用土
- 泥炭藓
- 铅笔或类似尖头工具
- 多肉插枝
- 大头针
- 热胶
- 装饰青苔

怎么做

. . . .

1 测量鸟舍的房顶的长度，按照这个长度锯好 1/4 英寸厚的工艺木。
还需要两块小一点的木头放在房顶底部，四块长一点的木头放在
房顶侧边。

2 把工艺木块钉到鸟舍的房顶上，做两个房顶盒，准备种植多肉植
物。钉的时候注意角度，避免能从前面看到 U 形钉。

3 现在，测量鸟舍房顶的倾斜度，按照新的多肉盒的大小，剪一块
铁丝网。

4 把铁丝网钉到多肉盒上，创造一个新房顶。

5 把房顶斜坡装满土，如果不想用土，可以把整个多肉盒装满泥炭藓。

6 把房顶尖上的空间塞满泥炭藓。

7 用铅笔或类似尖头工具在土或青苔中准备种植多肉插枝的地方挖洞。

8 开始种植多肉植物。需要的话，用大头针把植物固定住。

9 在鸟舍房顶尖上的泥炭藓中，种一株大一些的多肉植物，使它面向前方。

10 用热胶把青苔粘到鸟舍房顶的边缘上，把可能露出来的铁丝网遮盖起来。

养护说明

· ·

把覆满多肉的鸟舍放在阳光充足且不直射的地方。

土干燥之后再浇水。

多肉椅子

　　椅子花盆是为你的花园增添个性的极佳方式。之所以产生这个 DIY 的想法，是因为我发现了这些可爱的金属椅，但是没有找到合适的花盆或花篮搭配这些座椅。当然，买不到的话，只能动手 DIY。这样的金属椅花盆架，在一些花卉中心或网上都能买到。

需要什么

- 金属椅
- 椰子纤维花盆套
- 螺丝刀
- 麻绳
- 透明胶
- 剪刀
- 土
- 多肉植物

怎么做

1 首先，把椰子纤维花盆套放到椅子的座板开口处。如果花盆套太大，只需要把它折一折，使它部分重叠，与开口大小吻合即可。

2 把花盆套取出来，用螺丝刀在上缘钻孔。钻孔时一定要确保孔洞离边缘不要太近。

3 把麻绳的一端系在椅子边沿上，把另一端用透明胶粘起来，防止边缘磨损。之后需要用麻绳把花盆套"缝"到椅子上，因此要确保麻绳够长。

4 把花盆套"缝"到椅子边沿上。过程中，如果麻绳无法轻易钻过去的话，可以用螺丝刀重新开孔。

5 "缝"完一圈后，把麻绳打个结，把多余的麻绳剪掉。

6 将这个非常棒的崭新的椅子花盆轻轻地装满土。不要装得太满，以免把花盆套撑松。

7 种上多肉植物。先在后面种上最高的植物，然后依次向前种。选择两三株植物作为视觉焦点。它们必须与众不同，可以是颜色鲜艳，也可以是比其他植物大。把多余的空间种满小一点的植物，以防有很多土露在外面。

养护说明

• •

把装满多肉植物的椅子放在阳光充足且不直射的地方。土干透之后再浇水。

小窍门

随着时间流逝，椰子纤维花盆套可能会由于土和植物的重量变薄。最好加固你的花盆套。可以在花盆套底部缠满麻绳，创造一个支撑系统。如果不喜欢麻绳缠在椰子纤维上的样子，可以试试用透明钓鱼线。

盆栽托盘花园

　　每个人都喜欢改造后的托盘的样子，但有时候重重的托盘花园难以搬动。如果你跟我一样，喜欢一年之中把植物在花园中搬来搬去，这种盆栽托盘花园是上佳的选择。它不仅比常见的托盘花园更轻，花盆还可以旋转，让植物均匀地接受日晒，防止它们朝着太阳徒长。

需要什么

- 镀锌钢吊带
- 陶盆
- 铁皮剪
- 卷尺
- 铅笔或钢笔
- 托盘
- 电钻和螺丝

怎么做

1 把吊带沿陶盆缠绕一周，让吊带的第二圈与第一圈有一到两个孔的重合。

2 用铁皮剪把吊带剪断。

3 参照第一根吊带的长度，把其余的吊带剪好。一个陶盆配一根吊带。

4 用卷尺和铅笔或钢笔在托盘上标出想要放置陶盆的位置。

5 把每根吊带都缠成一圈。

6 在第二圈与第一圈重合的孔里，放一枚螺丝钉。

7 把吊带圈钉到托盘上。

8 把花盆放到吊带圈里，然后种进多肉植物，或者先在花盆里种上多肉植物，然后放到吊带圈里。

养护说明

把托盘放到花园里阳光充足且不直射的地方，或者放在一整天阳光仅直射几小时的地方。浇水的时候，可能需要把花盆取下来，以免泥水滴到下面的多肉植物上。

小窍门

把托盘或花盆涂上颜色，实现私人订制吧。

第五章

饰 品 篇

　　多肉植物可以作为插枝，在没有土没有水的情况下存活很久，因而是制作生物饰品的极佳选择。一个普普通通的发卡，装饰上多肉植物，就会创造出美丽的、充满有机感的发型。戴一条用你最喜欢的多肉植物做成的项链，或者戴一个漂亮的多肉戒指，展示你的园艺技能吧。多肉植物是婚礼上完美的自然饰品，因为它们可以提前几天，甚至提前几周做好。

小玻璃瓶项链

做一条小玻璃瓶项链，你就可以随身带着一株小小的多肉植物了。这条项链就像一个宜人的小小生态系统。在大多数工艺品商店的珠宝区，都可以买到顶部带有挂钩的小玻璃瓶。把项链作为礼物送给喜爱园艺的人，他们会非常喜欢的。

怎么做

1 先往小玻璃瓶里按顺序放入沙子、活性炭、土和青苔。就像普通尺寸的玻璃花园一样，这些基层既实用（帮助排水），又可以让项链更有趣。

2 用镊子把多肉植物放进小玻璃瓶。如果小玻璃瓶开口够大的话，尽量捏住植物的茎干，轻轻扭动多肉植物，使它穿过青苔，种进土。选择的多肉植物一定要小到能够穿过小玻璃瓶开口，又能够引人注目。小多肉植物应当是整条项链的焦点。

需要什么

- 小玻璃瓶，大约2英寸（5厘米）高，顶部带有挂钩
- 选一条项链
- 沙子
- 活性炭
- 土
- 青苔
- 小多肉植物
- 镊子
- 钳子

3 把项链链子系到小玻璃瓶上。我买的小玻璃瓶自带挂环，只需要用钳子把挂环打开，用挂环穿过项链，然后把挂环重新捏成环状。

养护说明
· ·

隔几天（或者看到土干了时）浇一浇小多肉植物，滴上几滴水。多肉植物不喜潮湿，不喜浸泡在水中，如果看到小玻璃瓶上有凝结的水珠，就把小玻璃瓶打开，通通风。避免项链受到阳光直射，以免晒伤多肉植物。

多肉戒指

　　钻石算什么，多肉植物才是女生最好的朋友。多肉戒指是展示园艺技能的完美饰品。戴上这不同寻常的戒指，无论走到哪里，你都会收获赞美的。

需要什么

- 带空凹槽的戒指
- 剪刀
- 园艺胶水
- 小多肉植物

怎么做

1 从多肉植物上剪下一小枝。在保留莲座形态的前提下，尽量贴着底部的叶片剪。

2 把戒指凹槽表面涂上园艺胶水。

3 把多肉植物轻轻地放到戒指凹槽上。

养护说明

. . . .

多肉植物粘在戒指凹槽上不会存活太久。根据多肉植物种类的不同,存活几周到一两个月不等。一旦多肉植物开始萎缩,小心地将它移除,粘上新的多肉植物。园艺胶水有点像橡胶胶水,能轻松剥落。应该剥掉原来的园艺胶水,重新粘上一层。把多肉植物从戒指上取下之后,轻轻去除可能粘在底部叶片上的园艺胶水,把植物放在排水性能良好的土上,隔一段时间给它们浇浇水。如果多肉植物没有被胶水和移除过程损害过大的话,就会长出新根。

小窍门

把多肉植物粘到戒指凹槽上之前,一定要让植物有一两天的愈合时间。这样多肉植物通过切口吸收的胶水会减少,存活的时间也就更长。

多肉发带

　　很久以前，人们就开始在头上戴花，既然如此，为什么不试试戴多肉植物呢？与迅速凋零的花不同，即便没有土没有水，多肉植物也能存活几周，甚至几个月，因此是生物饰品的完美选择。不管是在户外婚礼这样的特殊场合，还是在日常穿戴时，多肉头饰都具有无与伦比的自然美。

怎么做

1 从毛毡上剪下两个圆圈。它们需要跟多肉植物或多肉植物群大小差不多，因为这两个毛毡圈将成为多肉植物的"土"。

2 在发带上选一个准备放多肉植物的位置，把一个毛毡圈粘在发带内侧，另一个毛毡圈粘在对应的外侧。

3 剪下多肉植物的时候，尽量只剪下莲座。

4 把多肉植物翻过来，在底部叶片上粘上热胶，轻轻粘到已经粘在发带上的毛毡圈上。

养护说明
· · · · · · · · · · · · · · ·

当多肉植物开始萎缩时，小心地将它从发带上移除，种在排水性能良好的土中。

5 用剪刀把毛毡圈没有被多肉植物盖住的部分剪掉。

小窍门

发带不是你最喜欢
的头饰？用热胶把
多肉植物粘到弹簧
发夹上，就能轻松创
造出一个美丽动人
的发夹了。

多肉花冠

　　鲜花做成的花冠非常美丽，但有些花非常脆弱，用它们做成的花冠不太耐用。令人赞叹的多肉花冠是一个美丽且更牢固的选择。不管是在你的婚礼上，还是你只是想做一回公主，一顶多肉花冠都会给人留下深刻的印象。

怎么做

1　根据你想戴花冠的位置，把粗园艺铁丝弯成一个圆圈，使其大小合适。把铁丝的两端扭在一起，使圆圈封闭，然后在圆圈上缠上园艺胶带。

2　用剪刀剪短多肉植物的茎干。剪一段 6 英寸（约 15 厘米）长的细铁丝。把细铁丝插入多肉植物的茎干中。

3　把铁丝折成两折。

需要什么

• 22 号粗园艺铁丝
（直径约 0.7 毫米）
• 钳子
• 园艺胶带
• 多肉插枝
• 剪刀
• 26 号细园艺铁丝
（直径约 0.45 毫米）
• 钢丝钳

4 把细铁丝的末端缠绕在茎干上，以便把多肉植物牢牢地固定在铁丝上。多肉植物容易受伤，进行这个操作时，动作一定要轻柔。

5 用细铁丝固定好几株多肉植物之后，选一株先连到花冠上。把它放在铁丝圈上你喜欢的位置，用铁丝缠绕在铁丝圈上。可以用钳子把铁丝紧紧地捏在一起，把末端捏平整。

6 继续选择多肉植物，把它们放到你喜欢的位置上，直到铁丝圈上布满美丽的植物。我选择只把花冠的前半部分缀满多肉，不过你喜欢的话，可以把整个花冠缀满多肉。如果有铁丝露在外面，把后半段再缠上一圈园艺胶带。

养护说明

尽管花冠上的多肉植物还是活的，但是严格来说，花冠称不上是"活"多肉花冠，因为如果一直连在铁丝上，多肉植物最终会死掉。根据你所用的植物种类的不同，多肉花冠可以持续几周到一个月左右，肯定比鲜花花冠经用。如果你想让多肉植物继续存活，一旦它们开始枯萎，就把它们从铁丝上取下来，让茎干愈合几天，然后把它们种在排水性能良好的土中。

小窍门

增加几株颜色不同的多肉植物，比如紫色的多肉植物，会让花冠看起来更加有趣。

图片来源：Tayia Rae

多肉项链

这又是一个容易制作且非常美丽的饰品。小多肉植物看起来无比可爱，不仅如此，大家看到你戴着真的多肉植物时，会惊讶不已的。

怎么做

1 用剪刀修剪小多肉植物的茎干，使其比吊坠凹槽的厚度短一点。

2 把凹槽内侧涂满园艺胶水，把青苔放进去，轻轻按压。放置几分钟，让其干燥。

3 用铅笔或其他尖头工具在青苔上戳一个洞，准备插入第一株多肉植物的茎干。

4 轻轻拿起小多肉植物，茎干朝上。挤一点园艺胶水涂到植物的底部叶片上，小心一点，不要把茎干涂满胶水，因为茎干以后还要生根。

5 选定一个位置，轻轻地把多肉植物按进青苔中。重复步骤3、4、5，直到你把喜欢的多肉植物全都种进凹槽。

6 把项圈或项链连到吊坠上。

养护说明

隔几天润一润青苔，以促进多肉植物茎干生根。根据所选植物种类的不同，项链会持续几周到几个月的时间。有些多肉植物可能对园艺胶水比较敏感，不会生根。如果你的多肉植物迟迟不生根，在它开始枯萎时把它移除，再重新种上一株新的多肉植物即可。

需要什么

- 剪刀
- 项圈或项链
- 凹槽式吊坠
- 园艺胶水
- 青苔
- 铅笔或类似尖头工具
- 小多肉植物

第六章

节 日 篇

一年中，配合不同的节日改变家里的装饰，总是让人兴奋不已。不管是一年里的什么时候，不管你是想让家里焕然一新，还是只想零零星星再添几笔，都可以轻轻松松地把多肉植物添加到节日装饰中。本章中，我们会提供 6 个美丽的多肉植物创意方案，它们会为你最喜欢的节日增添新的活力。不管是绝妙的多肉南瓜，还是装满多肉植物的可爱的复活节彩蛋，都会让你爱上这些魅力十足的传统节日装饰。

多肉南瓜

　　毫无疑问，多肉南瓜在秋天越来越流行了。多肉植物的颜色有多种，与形状不同、大小各异的南瓜都能搭配。多肉南瓜在秋天的聚会中会是引人注目的中心装饰，也会是你家门廊的绝佳装饰。

怎么做

需要什么

1 把南瓜茎从南瓜上掰下来。南瓜茎通常很容易掰下来，如果掰不下来，可以把它锯下来。

- 南瓜
- 园艺胶水或热胶
- 泥炭藓
- 多肉植物或多肉插枝
- 剪刀

2 在南瓜顶部涂上园艺胶水或热胶。

3 把青苔按到胶水上。

4 倒着拿起多肉植物，在底部叶片上涂上园艺胶水或热胶。

5 轻轻把多肉植物按到青苔上。如果你用的多肉植物不止一株的话，重复步骤4和5。

养护说明

6 剪掉多余的泥炭藓。

把多肉南瓜放在阳光无法直射的地方。大约一周充分浸泡青苔一次。由于南瓜没有切开，照顾得当的话，这一创意方案能持续好几个月的时间。不过，如果南瓜确实开始腐烂了，轻轻移除多肉植物，把它们种在排水性能良好的土中。

小窍门

你也可以把南瓜的顶部切开，把南瓜瓤用勺子舀出来，填上土，然后把整株多肉植物直接种到南瓜里。不过由于切开的南瓜更容易腐烂，用这种方法加工的多肉南瓜不如用胶水制作的多肉南瓜持续的时间长。

多肉球

　　一年四季，你都会看到许多商店售卖人造灌木球，用于配合不同的节日。给这些人造灌木球添加真正的多肉植物，轻轻松松就能给它们增添新的活力。你大可以增加不同颜色、不同风格、不同大小的多肉植物，让人造插花更上一层楼。多肉球全年都很迷人。

怎么做

1 用园艺铁丝把多肉插枝的茎干缠绕起来，在茎干末端留出一小段空白。我在材料中列的是直径约 0.7 毫米的园艺铁丝，如果多肉植物的茎干更粗，或者泡沫球很难穿透，可以用粗一些的园艺铁丝。

2 用园艺胶带把多肉茎干缠绕起来。缠的时候尽量贴近多肉植物底部，一直缠到植物茎干的末端。

需要什么

· 多肉插枝
· 22 号园艺铁丝
  （直径约 0.7 毫米）
· 园艺胶带
· 人造灌木球（带泡沫芯）

3 握住插枝的茎干，把铁丝的尖端插到人造灌木球的泡沫芯里。如果多肉植物伸出来的部分太长，把铁丝剪短一点，然后重新插到泡沫球里。一定要让多肉植物在灌木球上均匀分布。

养护说明

不要让多肉球受到强烈的阳光直射。多肉植物开始萎缩时，把它们从灌木球上取下来，去除园艺胶带和铁丝，种在排水性能良好的土里。

多肉灯泡

　　用一个绝妙的装有空气凤梨（详见第一章）的灯泡为圣诞树增添几分现代气息吧。由于空气凤梨不需要任何土就能存活，这种装饰虽然简单，但是十分洁净和美丽。

需要什么

- 悬挂式灯泡玻璃瓶
- 白砂
- 空气凤梨
- 人造冬青红果

怎么做

1 在灯泡玻璃瓶底部铺一层薄薄的白砂。白砂既有装饰性，又可以让人联想起白雪。

2 把空气凤梨塞进灯泡玻璃瓶，放在白砂上方即可。如果你喜欢的话，可以让植物的一部分露在开口外面。

3 增加一些人造冬青红果作为亮色。

养护说明

把多肉灯泡放在阳光充足且不直射的地方。大约每周都需要把空气凤梨取出来浇一次水。你可以把空气凤梨放在水龙头下冲洗，也可以把整株植物浸泡在水中约 20 分钟。重新放入灯泡玻璃瓶之前，让它晾上几个小时。

小窍门

你也可以用悬挂式灯泡玻璃瓶创造出传统的多肉微景观玻璃花园。详见第三章的"多肉微景观玻璃花园"。玻璃会放大光照和热量，一定不要把它们放到有大量阳光直射的地方。每次浇水之前，把手指伸进土里，确保土已经完全干燥。

多肉圣诞树

　　一棵多肉圣诞树是给家里增添节日氛围的绝佳方式。它美丽动人，维护简单，是传统圣诞树的创意替代品。不管你是注重保护生态，还是单纯地喜欢这些美丽的插花，多肉圣诞树都一定会成为你日后多年最喜爱的节日装饰传统。

怎么做

1 先用纸做一个圆形的模板。根据想要的圣诞树的大小，你可能要用到硬纸板或需要把几张纸粘在一起。我用的是 24 英寸 × 10 英尺（约 70 厘米 × 305 厘米）的镀银钢丝网架，能做出的最大的圆圈直径为 2 英尺（约 70 厘米）。

小窍门

如果你想要做一棵小一点的树，可以用锅盖、花冠骨架或其他圆形的东西作为模版。这样可以节省时间，省略掉此方案的前几个步骤。

2 用细绳把铅笔绑在一起，临时用作圆规。

3 把其中一支铅笔固定在纸的中心，用另外一只铅笔画圆。

4 把画好的圆剪下来。

5 展开钢丝网或钢丝网架（这些可以在当地的家居中心买到），把圆形纸板放在上面。如果纸板很大，你可以站在纸上，或者用胶带把它粘在钢丝网上固定位置。跟钢丝网或钢丝网架打交道的时候，最好戴上手套。

6 根据圆形模版用钢丝钳从钢丝网上剪下圆圈。

需要什么

- 硬纸板或纸
- 两支铅笔
- 细绳
- 剪刀
- 钢丝网架或铁丝网
- 钢丝钳
- 胶带
- 码尺或卷尺
- 园艺铁丝
- 泥炭藓
- 多肉插枝
- 大头针

7 现在，剪一个三角形，或从钢丝圆圈中"切"一个三角形，准备做成圆锥，就像你从一整张馅饼中切下一角一样。切下的三角形越大，圆锥的底部越小。你可以用卷尺试着量一下角度，但在钢丝上很难画线，很难剪出一条很直的线。我先用卷尺找出了钢丝圆圈的正中心，然后开始剪切片的一侧。我剪了一条竖向钢丝，下移一个方块，剪了另一条竖向钢丝，移到左边的方块，剪了一条横向钢丝。重复这个模式，直到剪到圆圈的外缘。重新移到圆圈的中心，反向重复这个剪切模式，剪出切片的另一侧。

8 从圆圈中取出切片（圆圈现在应该看着很像吃豆人），现在可以把钢丝卷成圆锥状了。根据钢丝粗细不同，这个步骤可能没有说起来这么容易操作。可能需要把钢丝两边重叠，做出一个平坦的表面，以便使圆锥竖立。

9 把圆锥做好之后，用园艺铁丝把它固定好。

10 把圆锥底部朝上，将里面填满潮湿的泥炭藓。

11 如果泥炭藓会从圣诞树底部往下漏，用钢丝网挡住圆锥的开口，作为屏障。

12 把圆锥竖立在平坦的表面上，尖顶朝上，就像圣诞树一样。

13 开始往圣诞树里栽种多肉插枝。如果难以往青苔里插入多肉植物的茎干，用一支铅笔或其他尖头工具在青苔上戳一些洞，然后把多肉植物的茎干插到里面。

14 圣诞树的底部用大一点的多肉植物，顶部用小一点的植物。你可以用多肉植物创造一个图案，也可以随意地安插它们。我喜欢螺旋形图案，它引人注目，可以吸引着人的目光绕树而行。

15 如果多肉插枝的茎干较短，或者总是从树上往下掉，可以用大头针把它们固定住。

养护说明

把多肉圣诞树放在阳光充足且不直射的地方。泥炭藓干燥之后浇水。一定要时不时地转一转圣诞树，让多肉植物均匀地接受光照。

小窍门

想要做一棵更大的树的话，可以用钢丝网缠绕一个锥形番茄笼作为圣诞树的骨架。

多肉彩蛋

　　没有什么比满满一架彩蛋更能表达"复活节快乐"了。不过，想要特别一点的话，可以在复活节装饰中加入小多肉植物。把蛋架装满盛有多肉植物的鸡蛋，会创造出一件完美的春日中心装饰。即便复活节已经结束，你也会想继续把它留在家里。

怎么做

1 轻轻在顶部打破鸡蛋，倒出蛋液，可以留着吃，也可以直接倒掉。

2 用水冲洗蛋壳并进行晾晒。

3 往蛋壳里装满多肉用土。轻拍土，一直装到蛋壳顶部。

4 把小多肉植物种到蛋壳里。每个蛋壳里可以种一株大一点的多肉植物，也可以种几株小多肉。

5 把装满多肉植物的蛋壳装进蛋架，完成插花。留几个空的蛋槽，或者在蛋架上直接种一株多肉植物，可以让蛋架更有趣。

6 往蛋架里空的蛋槽里或在植物周围撒上青苔，为插花增添色彩和质感。

7 如果你喜欢的话，可以增加几朵人造花，增加春日之感。

需要什么

- 鸡蛋
- 多肉用土
- 小多肉植物
- 蛋架
- 青苔（可选）
- 人造花（可选）

养护说明

把装满多肉植物的蛋架放在光线充足且不直射的地方，土干透时再浇水。

小窍门

如果你想在蛋架上直接种植多肉植物的话，可以采用陶瓷做的蛋架。时间一久，一给植物浇水，纸板做的蛋架就会变软、漏水。

复活节多肉花篮

　　许多复活节装饰往往颜色过于艳丽，塑料鸡蛋和大大的蝴蝶结也过于花哨。如果你想要低调一点，想要自然朴实之感的话，复活节花篮花环是你的不二之选。

怎么做

1 轻轻在顶部打破鸡蛋，倒出蛋液，可以留着吃，也可以直接倒掉。

2 用水冲洗蛋壳并进行晾晒。

3 把花环花篮里装满泥炭藓。

4 把蛋壳放在花篮里你喜欢的位置上，让鸡蛋未破的底部朝上。我用的是邻居家鸡下的不同颜色的蛋，你也可以用商店里的白色或棕色的鸡蛋。

5 把多肉植物种到泥炭藓中。选择植物的时候，我尽量选颜色可以跟蛋壳搭配的色彩柔和的有春日之感的植物。

6 把人造花粘到花环上，成为点睛之笔。

需要什么

· 鸡蛋
· 椭圆形葡萄藤花环，底部为花篮
· 泥炭藓
· 多肉植物
· 人造花

养护说明

把花环挂到不受强烈阳光直射的地方。泥炭藓干燥后浇水。

小窍门

葡萄藤花环形状多样，大小不一，适用于许多节日。不要自我限制，认为这种花环只能在复活节使用。一年之中，换一换里面的植物和装饰，就可以装扮每一个季节。

第七章

庆 祝 篇

　　以多肉植物做装饰，可以为特殊的日子增添自然趣味。这一做法十分流行。它们适用于婚礼、宴会、迎婴聚会、新娘送礼会的方方面面——从胸花到捧花，再到中心装饰和聚会纪念品。不管你的活动是现代风还是乡村风，多肉植物都会契合主题。只要摆放得当，它们既可以有古典感，又可以有现代感。把它们与传统插花结合，也会创造出无双的美丽，可能还会是插花中最抢眼的那个呢。与传统花朵不同，多肉植物在活动结束后还可以种植，照顾得当的话，可以存活好多年，是珍贵的纪念品。

多肉席次卡支架

　　客人们看到自己的席次卡是由可爱的小多肉花盆支起来的，会非常高兴的。这种多肉席次卡支架还可以当作纪念品，更加物有所值。

怎么做

1 把陶盆的 3/4 装上多肉用土，种上多肉植物。

2 在盆中的土上撒上青苔，看起来更加精致。

3 把客人的名字写在纸旗上，把小旗子插到每个花盆中一侧的土里。我是从工艺品商店里买的纸旗，买的时候已经组装好了。

养护说明

装在盆中的多肉席次卡支架应当放在光线充足且不直射的地方。土干透之后再浇水。

小窍门

给花盆上色，或者用丝带或细线绕花盆打个蝴蝶结，可以让它们更符合活动的风格。想更加正式的话，可以用打印机打印席次卡。在卡片背面为客人提供多肉植物养护说明。

- 小陶盆
- 多肉用土
- 多肉植物
- 青苔
- 钢笔
- 带有小棍子的小纸旗

宝宝食品罐多肉纪念品

　　宝宝食品罐不仅娇小可爱，而且易得便宜。如果你自己有宝宝，或者认识有宝宝的人，那很有可能免费得到很多小罐子。客人们会爱上他们新的迷你花园，你也会为给客人们提供了一份升级改造的礼物而高兴的。宝宝食品罐多肉会是婚礼、迎婴聚会，甚至小型宴会很棒的纪念品。

怎么做

1 在宝宝食品罐底部铺上一层鹅卵石，作为替代性排水系统。

2 把罐子的剩余空间填满排水性能良好的土。

3 种上多肉植物。如果不好操作的话，可以用铅笔或类似尖头工具在土中你想种植多肉植物的地方戳几个洞。可以种一株多肉植物，也可以种几株小一点的。

4 用钢笔在纪念品标签上写上"谢谢"。

5 用细绳把纪念品标签绑在宝宝食品罐上。按照你的喜好，细绳的末端可以打个蝴蝶结，也可以直接打个结。

养护说明

宝宝食品罐没有真正的排水孔，给其中的迷你插花浇水的次数要比其他植物少。根泡在湿软的土中的话，多肉植物不会健康，一定要注意等土干透之后再浇水。

小窍门

这个创意方案还可以用来当席次卡支架。标签上不写"谢谢"，而是写上客人的名字，然后把这份小小纪念品放好即可。

需要什么

- 宝宝食品罐
- 鹅卵石
- 多肉用土
- 铅笔或类似尖头工具
- 小多肉植物
- 钢笔
- 纪念品标签
- 细绳

多肉餐巾环

　　餐巾环虽小，却在桌面景观中十分抢眼。用真正的植物做餐巾环，更可以为其增添几分自然的优雅，这是人造植物所无法比拟的。这样的餐巾环很适合放在室外或阳台。小巧的满天星或球兰也可以与多肉植物搭配使用。

怎么做

1　把园艺铁丝拧成一个圆环。想让圆环更粗的话，可以再缠
　　一圈园艺胶带。

2　把多肉植物和花聚拢成小小的一束。用园艺铁丝把它们的
　　茎干缠在一起。

3 用园艺胶带把花束粘到圆环上。如果植物比较重的话，可能需要先用园艺铁丝把花束固定在圆环上，然后再用园艺胶带加固。

养护说明

聚会结束后，把餐巾环拆开，把多肉植物种在排水性能良好的土中。照顾得当的话，多肉植物会继续茁壮生长。

小窍门

增添一点亮色，可以让餐巾环更契合特殊场合。比如说，配上冬青红果和剪好的雪松枝，会让餐巾环更符合冬日氛围。

多肉中心装饰

　　为聚会制作中心装饰的时候，往往想把费用降到最低，因为每个桌子至少需要一个中心装饰。不用花大价钱从工艺品商店里买华丽的原木，也不用自己砍树，这个方案重新改造了出人意料又十分便宜的木材——草坪篱笆。质朴的原木，配上光彩夺目的涂成金色的多肉植物，会为特殊的日子增添质朴与优雅之感。

怎么做

∙∙∙∙∙∙∙∙∙∙∙∙∙∙∙∙∙∙∙∙∙∙∙∙∙∙∙∙∙∙∙∙∙∙∙

1 木制草坪篱笆由一层薄薄的胶条相连。用剪刀或剃须刀
　片把原木分开。

2 用热胶把一条蕾丝或粗麻布粘在三块原木的底部，挡住
　胶条的位置。可以任意选择布条的宽度。

3 用热胶把三块原木粘在一起。如果你不想握着它们等待
　胶水凝固的话，可以用一条绳子把它们绑在一起放置，
　直到胶水完全干了。

4 三块原木围起来，中间会有一个洞。你可以把这个洞当
　作盛放花茎的"花瓶"。记住，这里不使用土或水，因
　此要找不需要水的植物，或用人造花。

需要什么

∙∙∙∙∙∙∙∙∙∙∙∙∙∙∙∙∙∙∙∙∙

∙草坪篱笆原木
∙剪刀或剃须刀片
∙蕾丝或粗麻布
∙热胶
∙多肉植物
∙金色或其他颜色的喷漆
∙花

5 选一株或几株多肉植物，把茎干剪掉，喷涂成金色或其他颜色，以配合聚会的色彩。

6 把喷涂后的多肉植物放在原木上方，配上喜爱的其他花朵。

养护说明

••••••••••••••

聚会结束后，把多肉植物种在排水性能良好的土中。照顾得当的话，即便是喷涂后的多肉植物，也会继续茁壮生长。

多肉胸花

男士在婚礼及其他特殊场合常常佩戴胸花。在婚礼上，胸花往往配合新娘的捧花。胸花非常容易制作，如果全部用多肉植物制作的话，可以提前几天甚至几周做好。

需要什么

- 多肉插枝
- 花
- 园艺铁丝
- 钢丝钳
- 绿色园艺胶带
- 麻绳（可选）
- 胸花别针

怎么做

1 如果所选的多肉植物茎干不长（短于 1 英寸，即 2.5 厘米），需要将其延长。把园艺铁丝插进多肉植物短短的茎干中。按照你想要的茎干的长度剪断铁丝。把植物的茎干用园艺胶带缠绕起来。缠绕的时候先尽可能地贴近植物的底部，然后顺着向下缠绕，一直缠到铁丝末端。

2 为多肉植物搭配一两朵其他的花，或者一两枝绿植。我用的是蓝蓟和球兰。多肉植物应当是插花的焦点。

3 用园艺铁丝把插花的茎干全部缠绕起来，再用园艺胶带固定。插入胸花别针，然后把插花别在西服或衬衫上。

养护说明

聚会结束之后，把胸花拆开，把园艺铁丝取下。给多肉植物几天时间愈合，然后把它种在排水性能良好的土中。照顾得当的话，多肉植物会继续茁壮生长。

小窍门

想要更自然一些的话，在园艺胶带外面再缠上一圈麻绳。

多肉捧花

多肉植物在婚礼及其他特殊场合中出现的次数越来越多,这一点都不奇怪。因为它们颜色各异、形状多样、大小不一,适合各种风格的捧花。不管你想要全部用多肉植物做成的捧花,还是想用其他花与之相配,多肉植物都会引人注目。它们不仅可以为婚礼增光添彩,婚礼结束后还可以重新种植,存活很久,成为特别日子的完美纪念品。

需要什么

. . . .

- 多肉植物
- 绿色园艺花杆铁丝或钎子
  （大约12英寸，约30厘米）
- 绿色园艺铁丝
- 钢丝钳
- 园艺胶带
- 花
- 蕾丝、粗麻布或丝带
- 剪刀
- 热胶或胸花别针

怎么做

. . . .

1 把多肉植物根部的土全部去除。如果多肉植物的根比较长，需要修剪或将其直接剪掉，只保留 1~2 英寸（2.5~5 厘米）长的茎干。

2 把园艺花杆铁丝或钎子插进植物的茎干中。植物比较大的话，我会首选钎子，因为多肉植物比较重，钎子能够更加稳固地支撑它。如果多肉植物的茎干比较细，推荐用园艺铁丝，避免粗钎子把茎干撕裂。用园艺铁丝还有一个好处，做捧花的时候，更方便调整植物的角度。

3 把植物的茎干用园艺胶带缠绕起来。先尽可能地贴近植物的底部，然后顺着铁丝或钎子往下缠绕。

4 如果想让捧花的茎干全是绿色的话，一直缠绕到钎子末端。

5 如果多肉茎干比较短，或比较脆弱，或没有茎干（只有根），你可以把根缠绕在钎子上，为植物提供支撑，然后用园艺铁丝牢牢缠绕，再用园艺胶带加固。

6 所有多肉植物的茎干加固完毕后，就可以开始制作捧花了。一开始先用一株植物或一小簇植物作为中心，然后慢慢向外添加植物。

7 用诸如满天星的填充花为捧花增加体量。把高一些的花或剪枝摆放在捧花的两侧或后侧。

8 紧紧握住捧花的茎干，用蕾丝、粗麻布、丝带或园艺胶带把它们绑在一起。把末端用热胶粘好，或用胸花别针固定好。

养护说明

. . . .

像对待鲜花捧花一样对待多肉捧花吧。宴会结束后，把捧花拆开，把多肉植物上插的铁丝或钎子移除。给多肉植物几天时间愈合，然后把它们种在排水性能良好的土中。照顾得当的话，这份特殊的纪念品会继续茁壮生长。

小窍门

处理多肉植物的时候一定要特别小心。许多多肉植物的叶片上覆有一层美丽的细粉，一旦碰到就会掉落。尽量握住植物的茎干或下面的叶片，让多肉植物呈现最佳状态。

译 后 记

初见这本书，跟你一样，我也被美丽的多肉所吸引。一直很喜欢多肉，肉肉的触感，强大的生命力，都让人心生欢喜。每次换盆叶插，把叶片摆在新的花盆里的时候，都有一种播撒希望的感觉。多肉萌发新芽，像是萌发出一朵朵小花，特别可爱。

不过，直到接触这本书，才发现多肉原来可以有那么多种打开方式。它可以做成门牌，欢迎客人；可以做成鸟巢，装点花园；可以做成项链，增添光彩；还可以做成圣诞树，庆祝节日。书中的步骤精确详细，只需要一步一步跟着做，就能亲手创造出一件件精巧的多肉作品，十分具有参考性。

于是，我把这些多肉创意一一译出，希望你能喜欢。在此，也感谢好友杨娜娜、孙莉文，感谢你们督促翻译的进度，关心译文的进展。

出于水平所限，译文或有疏漏，如有所察，欢迎沟通交流。

吴欣欣

2017 年 4 月